L'élevage du brochet en bassin clos

Les Éditions In8 ont reçu le soutien de la région Nouvelle Aquitaine, d'Aquitaine Active et de la DRAC.

Photo de couverture : Paul McCartney's 1972 Wings Tour Bus WNO 481

ISBN : 978-2-36224-137-6

Pierre
Mikaïloff

L'élevage du brochet en bassin clos

POLAROID

NOVELLA

Policier
MIK

Les éditions in8

Pour Alexandra Grossmann
dont la bibliothèque continue
de guider mes pas.

1

Le panneau indiquait : route nationale 1, Abbeville, 10 km. Miquette, dont on ne distinguait que les pieds, s'affairait sous le moteur du bus. David espérait qu'elle aurait bientôt terminé car il n'avait jamais eu autant envie d'une bière fraîche. Son gosier britannique, peu habitué aux pics de chaleur du continent, avait désespérément besoin d'être rafraîchi.

– C'est l'arbre à came… diagnostiqua sa petite amie.

– Tu peux t'exprimer plus clairement ?

– On est dans la merde.

– Et le concert de ce soir ?

– Ça ne sera pas la première fois que tu annules. Et c'est pas comme si tu étais attendu par une foule en délire.

Le ricanement fêlé de Miquette résonnant sous la carcasse de métal le plongea dans une humeur lugubre. Deux heures plus tôt, ils s'étaient encore disputés autour de cette question : quand se déciderait-il à rentrer en Angleterre et à prendre un vrai boulot, un de ceux qui paye les factures ? Il est vrai que la situation de leur groupe, The Famyly, n'était guère brillante. Ce nom bancal avait été choisi pour son homophonie avec Family, une formation qui avait placé plusieurs albums dans le top 10 britannique. David pensait attirer ainsi quelques spectateurs supplémentaires, mais comme la plupart de ses combines, elle s'était révélée foireuse. Après que leur maison de disques avait rompu leur contrat, ils avaient raclé les fonds de tiroir pour acheter cet antique Bedford, traversé le Channel, et écumaient depuis le circuit des boîtes de nuit et des MJC du Nord de la France où, selon David, un public sevré de rock était censé accueillir en héros tout groupe aux cheveux longs venu d'Angleterre. Mais ce public sevré de musique binaire tardait à montrer le bout de son nez.

Depuis le marchepied, Mick, le guitariste soliste, examinait d'un air renfrogné les champs de betteraves qui s'étendaient à perte de vue. Il avait rejoint le groupe quelques mois plus tôt, une expérience qu'il considérait comme le point bas de sa carrière.

– Il se passe quoi, maintenant, David ? demanda-t-il.

– Problème technique que Miquette est en train de régler. Va te reposer, sois en forme pour ce soir, on va les tuer.

– Ouais, comme hier soir.

David soupira. Il sentait se profiler une conversation désagréable.

– Qu'est-ce qui te tracasse, vieux ?

– Tu veux que je te le dise franchement ?

Avant que David ait pu répondre qu'il n'en avait pas très envie, Mick vida son sac.

– C'est de parcourir la France profonde depuis deux mois à bord d'un tas de ferraille, d'entendre ces *fucking froggies* jacasser à longueur de journée, de jouer dans des salles qui ressemblent à des poubelles. Et j'allais oublier ce détail : de ne pas avoir une tune en poche ! À part ça, je nage dans le bonheur.

– On a connu des jours meilleurs, j'en conviens, mais ne t'inquiète pas, je vais nous trouver un deal dès qu'on sera rentrés en Angleterre et on fera un putain de disque.

– Eh bien, tu m'en enverras un exemplaire dédicacé. Moi, je me casse. Je ferai chauffeur-livreur. Au lieu de porter des amplis, je porterai des caisses, la différence c'est que je serai payé.

– C'est de ça que tu rêvais, à dix ans, quand tu regardais les Beatles à la télé ? L'avenir est incertain, mais songe que tu fais ce que tu as toujours voulu faire : tu es sur la route, tu joues ta musique, tu es libre. Le reste, tu t'en branles.

– Pour ce qui est de parler, t'es pas mauvais, mais ça remplace pas un foutu chèque.

David allait évoquer les sacrifices que l'art exigeait quand son attention fut attirée par un point qui grossissait à l'horizon. Le point prit la forme d'une Alfa Romeo décapotable de couleur rouge. On distinguait le chapeau de paille de la conductrice, ainsi que les cheveux au vent de la passagère, de même que ses pieds nus posés sur la console du tableau de bord. Deux blondes comme il les aimait. « Allemandes ou Suédoises », estima-t-il.

Puis, s'adressant aux sabots de Miquette qui dépassaient du pont du camion :

– Chérie, je vais faire du stop. Je reviendrai avec une dépanneuse.

– C'est ça, casse-toi, tu risquerais de te rendre utile.

Dans le rétroviseur du bus, il ordonna ses longs cheveux bouclés, remonta le col de sa veste à franges, puis lâcha un immodeste mais sincère : « Parfait ! ». Rassuré sur l'effet qu'il allait produire sur ces beautés nordiques, il se planta au milieu de la chaussée et agita les bras. À sa grande surprise, la voiture ne ralentissait pas. Jusqu'à l'ultime seconde, il espéra un miracle et se plaqua de justesse contre le flan du bus au passage du cabriolet. La vision fugace des cuisses bronzées de la passagère ébranla son moral. Le contraste avec le visage de Miquette barbouillé de cambouis le déprima.

2

Un bus à impériale décoré de motifs psychédéliques venait de s'arrêter sur le parking de la dernière pompe à essence avant Abbeville. Sur les flancs du premier étage était peint en lettres capitales : WINGS OVER EUROPE. La porte arrière s'ouvrit dans un sifflement de mécanisme pneumatique. Une petite fille aux pieds nus et aux longs cheveux blonds en descendit. Venue de l'habitacle, une voix féminine appela :

– Stella ! *Come back !*

Un homme brun, barbu, au visage poupin, sortit à son tour et rattrapa l'enfant qui se débattit en riant.

– *I got You !* l'avertit l'homme en la chatouillant.

Une blonde aux traits fins et réguliers les rejoignit. Elle prit l'homme par l'épaule et embrassa la joue de la fugueuse.

– On continue jusqu'à Paris ou on s'arrête dans le coin pour la nuit ? demanda Beef, le chauffeur, en se mêlant au trio.

– Poussons jusqu'à Paris, répondit le barbu. Je nous ai réservés des suites au George V. Un peu de confort ne nuit pas de temps en temps.

– Comme vous voudrez, mais la boîte de vitesse fait un bruit que j'aime pas, je demanderais bien à un mécano d'y jeter un œil.

– Réfléchis un peu, Beef. Si nous nous attardons ici, la station-service va être envahie de fans et nous ne pourrons plus repartir.

– Paul, nous sommes en rase campagne, je ne pense pas que…

– Si les kids du coin apprennent que Paul McCartney est dans les parages, dans un quart d'heure ils arriveront par dizaines et on sera coincés. Je t'ai déjà raconté ce qu'il nous est arrivé en sortant du Shea Stadium en…

– Ouais, vous me l'avez déjà raconté, patron.

3

Assis sur le marchepied, Mick tirait sur un joint en écoutant une cassette de T. Rex.

– Arrête ça, tu veux ? fit la voix de Gary, le batteur de The Famyly, en se laissant tomber à côté de lui. À chaque fois que j'entends Marc Bolan, ça me rappelle qu'il y a un an j'ai refusé d'intégrer son groupe, par loyauté envers David… Et aujourd'hui, il est numéro un partout. Il tourne même aux États-Unis.

Mick inhala une nouvelle taffe en contemplant tristement les alignements de betteraves qui se perdaient à l'horizon. Cette confidence de Gary confirmait qu'il était entouré de losers. Rien que ce nom, The Famyly, qui puait l'arnaque à plein nez. Il était temps de refermer ce chapitre de son existence.

De son côté, David n'avait pas renoncé à son escapade en stop. Moins glamour que l'Alfa Romeo, une 2 CV fourgonnette était à l'approche. Il se tourna vers ses musiciens et renouvela sa promesse de revenir avec une dépanneuse, mais personne ne lui prêta attention. Cette fois, lorsqu'il tendit le pouce la voiture s'arrêta dans un concert de grincements. Il s'approcha de la cabine où se serraient deux gaillards au teint rubicond, vêtus de cottes de travail.

– Où tu vas, comme ça, Buffalo Bill ? interrogea le conducteur.

– Abbeville.

– On pourrait peut-être te rapprocher… Monte derrière.

David ne se le fit pas dire deux fois et se glissa à l'arrière entre deux casiers de bouteilles sans étiquette, de la gnôle de contrebande sans doute. La fourgonnette redémarra poussivement puis reprit sa vitesse de croisière.

– Solidaire, comme toujours… commenta Mick en regardant la 2 CV s'éloigner.

– C'est dommage pour Bolan, non ? Aujourd'hui je serais à Dallas ou Boston, répondit rêveusement Gary.

À chaque cahot, David se cognait la tête contre le plafond. Le moteur était bruyant et l'habitacle en tôle ondulée faisait office de caisse de résonance. Il y avait aussi cette odeur d'alcool frelaté mêlée à autre chose de plus désagréable. Dans le rétroviseur, le conducteur vit qu'il se pinçait le nez.

– Vous êtes pas habitué, c'est normal, on élève des brochets, ça sent fort, la poiscaille.

Malgré sa connaissance lacunaire du français, David avait compris le sens général de la phrase mais n'avait pas envie d'entamer la conversation. Il voulait juste quitter au plus vite cette puanteur qui lui donnait envie de vomir.

– Qu'est-ce qui t'amènes dans le coin ? continua le chauffeur.

Cette fois, il consentit à répondre, en criant presque à cause du bruit.

– Je suis chanteur.

– Célèbre ?

– En Angleterre, assez, oui.

– T'entends ça, Maurice : on transporte une star !

L'homme ricana stupidement. David détesta le son de ce rire. Celui qui était assis côté passager se retourna et l'examina pendant quelques secondes, comme pour le jauger. Lui ne riait pas.

Miquette s'essuyait les mains sur son tee-shirt en contemplant l'horizon d'un air las. Elle avait renoncé à réparer l'arbre à came.

– On est dans la mouscaille… soupira-t-elle sans s'adresser à personne en particulier.

– C'est pas nouveau. Même si David trouve un mécano, on le paiera comment ? grommela Mick sans lever les yeux du pétard qu'il terminait de rouler.

– Et s'il trouve un bistrot, on n'est pas près de le revoir, pronostiqua Gary.

Une question traversa l'esprit de Miquette.

– Elle était comment ?

– Qui ça ?

– La fille qui l'a pris en stop.

– De ce côté-là, je pense que tu n'as pas à t'inquiéter, à moins que David n'éprouve une soudaine attirance pour la virilité rustique.

4

Des voix étouffées, lointaines, bribes d'une conversation dénuée de sens, tirèrent David de sa somnolence.

– C'était bien la peine! Pas de larfeuille, pas d'argent.

– Tout ce mal pour rien... abonda l'autre voix. Allez, viens, on va s'en jeter un chez Marcel.

L'endroit où il se trouvait était plongé dans l'obscurité. Il frissonna, le sol de terre battue était humide. Il essaya de se rappeler ce qui avait précédé le moment où il avait perdu connaissance, mais sa mémoire comportait des trous, comme après un choc violent. Il se souvenait seulement de la fourgonnette, de son odeur, des deux paysans... Lorsqu'il voulut masser ses tempes pour soulager sa migraine, il réalisa que ses mains étaient liées. Il aurait voulu hurler, mais le chiffon poisseux qu'on lui avait fourré dans la bouche l'en empêchait. Un rai de lumière filtrait à travers les planches disjointes qui constituaient le plafond de sa prison. À mesure que ses yeux s'habituaient à la pénombre, ses contours se précisaient. Il se trouvait au fond d'une sorte de tranchée ou de fosse. L'endroit n'était pas totalement silencieux, des frôlements légers et furtifs se rapprochaient de lui, s'éloignaient, se rapprochaient à nouveau. Puis il sentit un poids sur sa poitrine, quelque chose de vivant et d'humide se cogna contre son menton. Il parvint à relever la tête et distingua un petit museau qui le reniflait en exhalant une odeur putride. La fosse était infestée de rats.

L'après-midi touchait à sa fin mais le soleil tapait encore dur sur la carcasse du bus. Affalés à l'ombre d'un auvent de fortune, Miquette, Mick et Gary fixaient l'horizon, moitié assommés par la chaleur, moitié par les joints.

– J'en ai marre, je vais faire un tour, annonça Mick.

Il éprouva l'esquisse d'un remord en rencontrant le regard de Miquette. Ce qu'il s'apprêtait à faire n'était pas très élégant. Elle passait son temps à essayer de rattraper les conneries de David, mais, désormais, il n'y avait plus rien à rattraper, c'était chacun pour soi.

– Pour aller où ? protesta-t-elle. On est au milieu de nulle part, tu vas te paumer. On reste ensemble.

– Je serai de retour dans la soirée ou demain matin, j'ai besoin de bouger.

– Et en attendant, je reste ici comme une conne en compagnie d'un batteur défoncé qui écoute des cassettes débiles. C'est ça, l'idée ?

Comme une voiture se dessinait dans le lointain, Mick se précipita dans le bus pour récupérer sa guitare et un sac de sport qui contenait ses affaires puis se posta sur le bas-côté, pouce levé.

– C'est bizarre de prendre son sac et sa guitare quand on est censé revenir dans la soirée... lui lança Gary.

Mick ne répondit pas. Un paquebot gris anthracite qui s'avéra être une antédiluvienne Peugeot 203 venait de s'immobiliser quelques mètres plus loin. Il empoigna ses bagages et s'approcha. Dans un mélange d'anglais et de français, il expliqua qu'il voulait gagner une gare, n'importe laquelle. Le conducteur hocha la tête comme pour signifier qu'il avait compris et l'invita à monter.

Ils roulaient depuis vingt minutes à travers un paysage dénué d'habitations, où poussaient des cultures sur lesquelles Mick aurait été incapable de mettre un nom, quand la Peugeot s'immobilisa devant un abri de béton recouvert d'un toit de tôle ondulée. Un arrêt de car. Avant qu'il ait pu protester le conducteur sortit de la voiture, déposa sa guitare et son sac sur la chaussée puis le força à descendre. Incrédule, il regarda la 203 repartir puis chercha en vain un tableau indiquant les horaires et les destinations desservies. Il finit par mettre son barda à l'ombre et se laissa tomber sur un banc recouvert d'inscriptions obscènes. Elles collaient parfaitement avec l'odeur de pisse qui imprégnait les lieux.

Il était coincé là depuis des heures. Le jour pâlissait, la chaleur étouffante était tombée et il s'était résigné à passer la nuit sur place quand le bruit d'un moteur diesel le tira de sa somnolence. Une silhouette trapue se dessinait au loin. Il ramassa ses affaires et les déposa au bord de la route. Un autocar SAVIEM d'une compagnie de transport régionale approchait lentement. Quand il fut sous le feu de ses phares, il agita les bras, tel le naufragé qui aperçoit la chaloupe salvatrice. Demain, il serait à Londres ! Le car s'arrêta à sa hauteur dans un crissement de freins. Assis derrière le volant, un type coiffé d'une casquette se tordait le cou pour l'examiner, mais ne semblait pas pressé d'ouvrir la porte. Il avait sous les yeux le plus beau spécimen de jeune dégénéré qu'il ait vu depuis longtemps. Mick donna un coup de coude contre la vitre, mais le chauffeur continuait de le scruter avec une moue de dégoût. Dans l'habitacle, les passagers s'impatientaient, certains lui criaient de redémarrer. Il finit par s'arracher à sa contemplation, secoua la tête comme pour chasser une vision répugnante de son esprit et embraya. Tandis que le car repartait, des visages agglutinés contre les vitres regardaient le guitariste comme une bête curieuse, certains lui faisant des gestes obscènes, d'autres, hilares, moquaient ses cheveux longs et sa chemise de satin rose. Mick était trop fatigué pour éprouver de la colère. Il comprenait seulement qu'il allait devoir retourner à pied d'où il venait.

Il trouva Miquette et Gary serrés autour d'un feu de camp. Le batteur égrenait maladroitement les accords d'une chanson sur la Gibson de David. Il crut reconnaître *Sweet Virginia*, une ballade tirée du dernier album des Stones. De ce qu'il pouvait en juger, Gary était en train de draguer Miquette. Celle-ci finit par se rendre compte de sa présence.

– Regarde qui voilà !

Mick posa ses affaires et souffla. Jugeant qu'il leur devait quelques explications, il mentit :

– On m'a déposé à un arrêt de car, mais quand il est arrivé, au moment de monter, j'ai été pris de remords et je suis revenu. Je ne pouvais pas vous abandonner.

Gary qui paraissait plus défoncé que jamais posa la guitare et lui tendit un paquet de biscottes et du fromage.

– Tu dois avoir faim.

– Le menu des jours fastes… grimaça Mick en coinçant une portion de Vache qui Rit entre deux biscottes.

5

C'est sur la route départementale 928, environ dix kilomètres avant Abbeville, que la boîte de vitesse du Bristol rendit l'âme. D'une certaine façon, Beef n'en était pas fâché puisque les choses se déroulaient comme il l'avait prévu. Ce n'était pas faute d'avoir alerté son patron. Du reste, la panne ne fut pas accueillie comme un drame par ses passagers qui avaient renouvelé leur stock d'herbe à l'occasion du concert d'Amsterdam – les frontières belge et française avaient été franchies sans encombre, les douaniers se souciant surtout de récupérer des autographes de Paul pour leurs enfants. Et puis la lumière rasante du soleil couchant sur les champs de betteraves pouvait passer pour poétique pour peu qu'on ait l'esprit tourné à la rêverie. On décida de sortir les guitares et de répéter les morceaux que Paul comptait enregistrer à leur retour à Londres. On tira ensuite quelqu'un au sort pour se rendre au village le plus proche pour chercher un mécano et faire livrer de la nourriture et du champagne. La corvée échut à Doug Jones, le batteur. Cela tombait bien car Paul n'avait pas besoin de lui pour la répétition.

Une demi-heure plus tard, Doug pénétrait dans un bourg portant un nom imprononçable :

Lamotte-Buleux. Il en fit rapidement le tour. Il ne trouva pas d'épicerie, mais un bazar dont l'enseigne indiquait « Chez Marcel » et qui proposait, entre autres choses, des journaux, des fournitures agricoles et de l'alimentation. On pouvait aussi y boire des canons, à en juger par les deux poivrots en cottes de travail qui discutaient avec le patron, gorgeon en main. À son arrivée, la conversation cessa. Marcel posa son verre, se tourna de mauvaise grâce vers l'intrus et lui demanda ce qu'il voulait. Doug pointa du doigt la charcuterie derrière la vitrine réfrigérée.

– Vous avez de quoi ? questionna le commerçant en frottant son pouce contre son index.

Les deux buveurs échangèrent un clin d'œil quand Doug extirpa une liasse de billets de la poche de son jean. Effectivement, il avait de quoi. Faute de foie gras et de champagne, l'Anglais opta pour des mets plus rustiques, saucisson, rillettes et pâté de campagne[1]. Pour la boisson, ce fut plus compliqué. Les étagères n'alignaient que du vin de table en bouteilles d'un litre et Paul avait bien spécifié qu'il voulait du champagne. Heureusement, le commerçant avait une solution. Il gardait dans sa cave quelques bouteilles qu'il réservait à ses meilleurs clients.

– Vous verrez, c'est encore meilleur que du champagne. Évidemment, c'est un peu plus cher…

---

1 - Paul McCartney ne deviendra végétarien qu'en 1975.

Quelques instants plus tard, il revint avec deux caisses de mousseux et nota sur le bout de papier qui se trouvait devant lui une somme dont lui-même eu un peu honte. Les Anglais n'y connaissaient rien de toute façon. Ils convinrent que la commande serait livrée après la fermeture du magasin, puis Doug se souvint qu'il cherchait aussi un mécanicien et tenta à nouveau de s'exprimer à l'aide de gestes et de quelques mots de français. Les deux types qui ressemblaient à des ouvriers agricoles n'avaient pas compris ce qu'il voulait mais l'assurèrent du contraire et proposèrent de l'accompagner, car ils aimaient rendre service, c'était dans leur nature.

Après le départ de Doug, Marcel se frotta les mains. On faisait de bonnes affaires avec les touristes, surtout quand on majorait un peu les prix, mais jamais plus de 50 %. En moins de cinq minutes, il avait réalisé un chiffre d'affaires qu'il n'atteignait pas en une semaine. Quand il eut suffisamment recompté les billets qui venaient de changer de main, il chargea la marchandise dans son Ami 6 break et ferma la boutique. De ce qu'il avait compris, le bus se trouvait à environ trois miles du village. Ça manquait de précision et il n'avait aucune idée de la distance que représentait un mile dans le système métrique, mais il n'aurait qu'à rouler jusqu'à ce qu'il tombe sur un bus en panne.

Miquette, Mick et Gary se demandaient s'ils ne rêvaient pas pendant que Marcel déposait des cartons devant eux. Quand il eut fini, il prononça quelques mots en français, attendit une réponse qui ne vint pas, haussa les épaules, remonta dans sa voiture et partit.

– Ça ne lui ressemble pas, mais David a assuré sur ce coup-là, s'étonna Mick.

– Il n'avait rien sur lui quand il est parti, je me demande où il a trouvé le fric.

La question de Miquette fut couverte par le « pop » d'un bouchon. Même si son contenu ne souffrait pas la comparaison avec une pinte de Guinness dégustée dans un pub de King's Road, cette première bouteille remonta le moral du trio.

Après avoir descendu la rue principale du village, les deux sympathiques ouvriers agricoles entraînèrent Doug dans un passage où la lumière du jour pénétrait à peine. Probablement un raccourci, songea l'Anglais. Mais quand ils dépassèrent la dernière construction, une bâtisse aux vitres cassées qui semblait abandonnée, ils débouchèrent dans un terrain vague jonché d'outils rouillés. Sur la gauche, une 2 CV sans âge était garée sur des planches, à côté d'un monticule de terre fraîche. On percevait de faibles gémissements qui semblaient s'échapper du sol. Doug établit un rapprochement entre les gémissements et la terre récemment retournée : les planches devaient recouvrir une cavité. Ce fut la dernière chose à laquelle il songea. Quelques secondes plus tard, Maurice essuyait le sang qui maculait son marteau, puis, pendant que Lucien déplaçait la fourgonnette, il récupéra dans le blouson de sa victime ce qui restait de l'argent que Paul lui avait confié. Après quoi, ils soulevèrent quelques planches, suffisamment pour permettre le passage d'un corps, et déposèrent délicatement Doug à côté de David.

– Merde ! Les rats l'ont pas loupé, soupira Lucien en contemplant le visage déchiqueté du leader de The Famyly.

– Sales bestioles… On emmènera les corps à l'étang cette nuit. Les brochets s'en occuperont.

Après avoir remis les planches en place, Maurice alluma une Gitane maïs et fronça les sourcils.

– J'ai rien compris à ce qu'il baragouinait, chez Marcel.

– Moi non plus, mais je suis sûr qu'il recherchait son copain. Il n'était pas là que pour la boustifaille.

– Maintenant, il l'a retrouvé son copain ! Et puis ça fait deux drogués de moins.

– Pour sûr. Dis-donc, si ça ne t'ennuie pas, je préfère qu'on fasse le partage maintenant.

– Pas de problème, concéda Maurice en tirant les billets de sa poche.

Après avoir recompté sa part, Lucien regarda la 2 CV d'un air soucieux.

– Demain on retournera au bus s'occuper des autres. Faut pas trop traîner.

– Ni oublier de filer un pourliche à Marcel pour qu'il ferme sa gueule.

– Tu rigoles, il s'est assez goinfré tout à l'heure. Mais on va retourner le voir, j'aimerais mettre certaines choses au point avec lui.

À quelques miles de là, le leader des Wings commençait à se départir de son flegme. La nuit était tombée, son batteur n'était pas encore revenu, aucun mécano ne s'était pointé et le ravitaillement n'avait pas été livré. Tout le monde, en particulier les gosses, rêvait de *baked beans* étalés sur des toasts fumants et maudissait Doug.

6

La chaleur, les moustiques, la faim et les pleurs des enfants s'étaient ligués pour tenir les passagers du bus éveillés une partie de la nuit. À l'aube, quand Paul voulut se risquer dehors, son pied dérapa sur le marchepied rendu glissant par la rosée.

– Et voilà une autre journée de merde qui commence… pronostiqua-t-il, fataliste, en se relevant.

Il rentra et se dirigea vers le réchaud à gaz pour préparer du thé quand il se souvint qu'ils devaient rationner l'eau tant qu'ils n'avaient pas été approvisionnés. Il se contenta d'allumer une cigarette et alla réveiller Henry, le guitariste soliste. Pas sûr que ce fusse un choix très judicieux de l'envoyer chercher un mécano, compte tenu de son étourderie, mais il préférait garder en réserve les éléments les plus fiables de l'équipe, Denny Laine et l'indispensable Beef, qui était le seul à maîtriser le caractère capricieux du vieux Bristol KSW et la conduite à droite. Quant à Linda, il était inimaginable qu'il se sépare d'elle, même les Beatles n'y étaient pas parvenus.

– Et ne mentionne pas mon nom, recommanda-t-il pendant que Henry enfilait ses boots en bâillant.

Sans quoi les fans vont rappliquer de partout et me pourrir la vie.

Henry se retint de sourire, Paul se croyait encore en 1964, aux temps héroïques de la Beatlemania. Il hocha la tête, passa les doigts dans sa chevelure ébouriffée et se mit en route. Quelques centaines de mètres plus loin, il vit un panneau indiquant: Lamotte-Buleux, 2,5 km. Tout était bizarre et illogique dans ce pays: le nom des villages, les voitures qui roulaient du mauvais côté, les pubs qui s'appelaient cafés, la bière qu'on servait dans des verres de 25 centilitres, sans parler de ces fromages qui puaient… Que n'aurait-il donné pour sentir sous son palais le divin fondant d'une tranche de Blue Stilton étalée sur un toast!

« Il est bien sympa, Paul, continuait-il de ruminer, mais il a un peu trop tendance à se prendre pour le chef. OK, il a fait partie du groupe le plus célèbre de la planète, mais, au début, il avait promis que nous serions traités sur un pied d'égalité. Or, qui va faire les courses pendant que Gentil Paul, comme l'appellent les journalistes, reste au frais dans son bus à impériale? D'ailleurs, quelle connerie, ce bus! Un tas de boue qui tombe en panne tous les cinquante miles. Une lubie de richard. »

Il était remonté, Henry. Pas que remonté, il avait soif aussi. Très. Inutile d'escompter une pinte de Carling glacée dans ce pays de sauvages, mais il était prêt à se contenter d'une boisson locale. Une fois au village, il se désaltérerait puis se mettrait en quête d'un garage. Il ferait ça dans cet ordre, que cela plaise ou non à sa Majesté Popol 1er.

Il régnait un silence de mort quand il pénétra dans le village. Les rues étaient vides, pourtant il éprouvait la sensation d'être épié. Du reste, ce n'était pas qu'une sensation, il surprit plusieurs fois des mains qui écartaient un rideau à son passage. Le premier commerce qu'il rencontra, une mercerie à en croire l'enseigne rouillée qui pendouillait au-dessus de la devanture, semblait fermé depuis des siècles. « Étrange, songea-t-il, d'habitude, à la campagne, les ploucs se lèvent avec le soleil ». Le second, quelques rues plus loin, était surmonté d'un fronton où l'on pouvait lire : « Chez Marcel ». Il semblait en activité, mais le rideau était baissé. Le seul être vivant qu'il rencontra fut un chat occupé à fouiller les poubelles. Excédé, il se planta sur la place du village et se mit à déclamer ce qui lui passait par la tête, les mains en porte-voix.

– Oyez, oyez, bande de froggies ! Sa Majesté Popol 1er est aux portes de la ville. Son carrosse est en panne, sortez de vos terriers, allez lui porter secours et vous...

Il s'interrompit en entendant un bruit de pas. Il se retourna et vit une jeune fille qui venait vers lui. Son index barrait sa bouche pour lui indiquer de la fermer.

– Vous feriez mieux de partir, lui dit-elle en anglais. Ils sont dingues dans ce village, ils n'aiment pas les étrangers. Ils vont vous faire du mal.

« Probablement une simple d'esprit, jugea-t-il, mais plutôt jolie ». Ce détail lui donna envie de lui accorder un peu d'attention.

– Vous habitez ici ?

– Oui, mais retournez d'où vous venez, je vous en prie.

– Calmez-vous, qu'est-ce qui vous tracasse ?

– Je n'ai pas le temps de vous expliquer.

Henry continuait de la croire légèrement dérangée, mais elle était séduisante et il avait décidément envie de prolonger la conversation.

– OK, je vais m'en aller, mais accompagnez-moi, vous me raconterez tout ça en chemin. De toute façon, il n'y a rien pour moi ici.

La fille scrutait les façades muettes qui encadraient la place, comme si elle s'attendait à tout moment à en voir sortir des hommes armés de faux et de fourches.

– D'accord, allons-y, finit-elle par accepter.

Quand ils furent sur la route, elle se détendit un peu.

– Une cigarette ? proposa-t-il.

Elle déclina puis se mit soudain à parler. Les mots se bousculaient en un flot ininterrompu, comme si elle voulait se soulager d'un fardeau qui lui pesait depuis trop longtemps.

– C'est les frères Touvier. Ils font des trucs bizarres. L'été dernier, j'étais avec Luc, mon fiancé. Il est parti travailler à la Lainière de Roubaix. Maintenant, on se voit moins, même plus du tout. Il a sûrement rencontré une fille. C'est ce qui arrive en général quand on est loin, vous ne croyez pas ?

Ses propos étaient confus, et Henry avait un peu de mal à la suivre d'autant que son anglais n'était pas parfait, mais il n'osait pas l'interrompre.

– Il était plus de minuit, on était assis au bord de leur étang, à l'abri d'un saule pleureur. C'est très joli en été. Et puis on a entendu le moteur d'une voiture qui venait dans notre direction. Aucun risque qu'on nous aperçoive depuis le chemin. On est restés sans bouger parce que les Touvier sont connus pour être des têtes de cons, ils ne tolèrent personne sur leurs terres, ils ont planté partout des panneaux « Défense d'entrer. Propriété privée ». De là où on était, on voyait parfaitement ce qu'ils trafiquaient. Ils ont sorti un sac de leur bagnole, chacun le tenait par un bout, ça avait l'air assez lourd, ils soufflaient comme des bœufs. Ils l'ont balancé deux ou trois fois pour prendre de l'élan et l'ont envoyé au milieu de l'étang. Ça a fait un gros plouf! Le paquet a coulé à pic. Ils ont attendu un peu et puis ils sont repartis. J'ai aussi vu d'autres choses dont j'ai pas le temps de vous parler. Maintenant, vous saisissez pourquoi je vous ai demandé de partir ?

Henry la regarda, elle était non seulement très belle mais elle avait aussi beaucoup d'imagination. Une jeune fille romantique qui s'ennuie dans un trou perdu et s'invente des histoires. Classique.

– Je crois que je comprends, assura-t-il. Vous m'accompagnez jusqu'à notre bus ? Je vous présenterai à mes amis. On continuera à discuter.

Elle hésita puis accepta, le garçon était si prévenant, si rassurant. Ils marchèrent en silence, en échangeant des sourires. Arrivée près du campement de fortune des Wings, elle s'arrêta. Linda était en train de jouer avec les enfants. Elle les regarda un moment puis fondit en larmes. Henry lui prit la main. Décidément, il la comprenait de moins en moins.

– Qu'est-ce qu'il y a ?

– Cette femme semble si douce. Et ces petites filles l'adorent, ça se voit. On sent tellement d'amour entre elles. Excusez-moi, ça me bouleverse.

Elle serra sa main plus fort et plongea ses yeux dans les siens.

– Promettez-moi de ne plus vous promener seul sur cette route.

Sans attendre de réponse, elle libéra sa main et s'éloigna.

7

Miquette s'étirait sur le seuil du bus. Le soleil était déjà haut. La journée s'annonçait magnifique, à l'image de la nuit qu'elle venait de passer, ce qui ne lui était pas arrivé depuis longtemps, plus précisément, depuis que David avait commencé à coucher à droite à gauche. Gary vint la rejoindre et passa son bras autour de ses épaules. Ils échangèrent un long baiser, pur et passionné, comme deux adolescents amoureux.

– Ça risque d'être un peu tendu quand David va revenir, non ? s'inquiéta Gary.

– Ce ne sera pas plus tendu que lorsqu'il disparaît au bras d'une pouffiasse après un concert et qu'il donne signe de vie trois jours plus tard.

– T'as sans doute raison. On s'ouvre la dernière bouteille de mousseux ?

– Carrément, sweetheart !

Dans le camp McCartney, l'ambiance était moins euphorique. Depuis un moment, Paul contemplait les champs qui l'entouraient et réfléchissait.

– Je me demande de quel légume il s'agit… s'interrogeait-il à voix haute au moment où Linda le rejoignit.

– Des betteraves, je crois.
– Tu crois qu'on pourrait les cuisiner ?
– Les enfants sont affamés et ils ne sont pas les seuls. Essayons.
– Je mets de l'eau à bouillir. Et je te promets que lorsqu'ils reviendront, Doug et Henry feront connaissance avec la face cachée de Gentil Paul !

Au même moment, au siège d'EMI France, il était justement question de Gentil Paul. Les Wings auraient dû arriver à Paris la veille au soir, or on n'était sans nouvelles du groupe depuis son concert aux Pays-Bas, trois jours plus tôt.
– Je suis inquiet, très inquiet même, insista Delaroche, le PDG de la maison de disques, un ancien commercial au physique de catcheur qui avait grimpé les échelons à la force du poignet et, quand nécessaire, du poing.
– Tu penses à un enlèvement ? demanda Lavandier, un chef de produit qui guettait depuis longtemps la place de Delaroche.
– Et pourquoi pas ? Même si les gosses se sont trouvé de nouvelles idoles, il n'en reste pas moins un ex-Beatles et il est plein aux as. Ça peut donner des idées à des truands ou à une officine terroriste qui voudrait se faire de la pub : palestiniens, gauchistes, autonomistes bretons ou basques… J'ai contacté Londres, la consigne est claire : s'il se confirme qu'il s'agit d'un kidnapping, on ne lâche pas un kopek.
– C'est un peu dur.

– Peut-être, mais c'est le siège qui décide.

Les deux hommes se turent. Ils songeaient à la même chose. Les petites calculatrices invisibles qui leur tenaient lieu de cerveau tournaient à plein régime. Ce fut Lavandier qui rompit le silence.

– Dans l'hypothèse où… note bien que ce n'est pas du tout ce que j'espère, mais c'est toujours la même chose quand un musicien célèbre disparaît : son fond de catalogue s'arrache comme des petits pains.

– C'est pour ça que tu vérifieras l'état des stocks avant de partir. Au besoin, lance quelques repressages. Je vais rappeler Londres pour savoir s'ils ont suffisamment d'inédits pour un album posthume. Toujours au cas où, bien entendu.

– Bien entendu, mais pourquoi as-tu dit : avant de partir ?

– Parce que tu décolles cet après-midi pour Amsterdam. Une fois là-bas, tu loues une voiture et tu essaies de retrouver la trace des Wings ou, au moins, l'endroit où elle se perd.

– C'est le boulot des flics.

– C'est trop tôt. Il faut éviter toute fuite dans la presse tant que nous ne sommes sûrs de rien.

Delaroche s'apprêtait à se débarrasser de Lavandier quand une pensée lui traversa l'esprit.

– Et tu évites le quartier rouge, hein ! C'est pas un voyage d'affaires.

Le moral des Wings chuta de quelques degrés supplémentaires quand Henry réapparut sans avoir trouvé de mécano. Il ne jugea pas utile de mentionner sa rencontre avec une jolie Française dont il ne connaissait même pas le prénom ni les balivernes qu'elle lui avait racontées. Il s'installa avec les autres autour de la table de camping pour goûter les betteraves bouillies que Linda et la petite amie de Denny Laine avaient cuisinées. C'était une expérience nouvelle pour des citoyens britanniques habitués à commencer leur journée devant des œufs au bacon et, au vu de leurs mines, elle n'était pas très concluante. Quant aux enfants, ils pleurnichaient et refusaient de porter à leur bouche les tubercules rosâtres qui croupissaient au fond de leur assiette. L'odeur qui en émanait, entre le chou pourri et l'œuf avarié, n'aidait pas. Pour montrer le bon exemple aux gamines, Paul se força à en avaler une bouchée.

– Ça me rappelle la première fois qu'on a mangé des Knödell, avec John et Ringo, en 61, à Hambourg ! Je vous ai déjà parlé d'Hambourg, les gars ?

Devant le manque de réaction de l'assistance, Paul garda pour plus tard l'anecdote sur sa découverte des Knödell à Hambourg.

8

Après s'être arrêtés à l'étang pour nourrir les brochets, qui grossissaient à vue d'œil grâce à un régime alimentaire un peu particulier, et avoir incinéré les vêtements de leurs deux dernières victimes, Lulu et Maurice savouraient l'air frais qui s'engouffrait à travers les vitres relevées de la 2 CV. 11heures venaient de sonner. On aurait pu les prendre pour deux braves pisciculteurs s'en revenant de leur élevage avec la satisfaction du travail accompli, mais la matinée n'était pas terminée. Lucien tenait à faire un repérage avant de s'occuper des autres hippies. Il convenait de régler ça rapidement, sans quoi ils ne tarderaient pas à signaler la disparation de leurs copains à la gendarmerie. Ils roulaient en silence quand Lulu aperçut au loin quelque chose qui retint son attention.

– Tu vois ce truc bariolé là-bas ?

– Un bus, on dirait. Mais c'est pas celui qu'on cherche.

– Ouais, le nôtre était sur la route de Forest-l'Abbaye.

– Ça m'a tout l'air d'être aussi des zouaves.

Paul avait remarqué la 2CV. C'était le premier véhicule qui s'aventurait sur cette route depuis vingt-quatre heures. Il bondit sur ses jambes et se planta au milieu de la chaussée en agitant les bras.

– Vous êtes pas bien ! J'ai failli vous écraser, le tança Lulu en pilant.

Le barbu s'approcha, il semblait vouloir lui parler.

– Je vais lui faire comprendre qu'il doit dégager.

– Ils ont l'air d'avoir du pognon, il porte une Rolex, remarqua Maurice.

– Ouais, mais ils sont trop nombreux, et un bus à impériale, c'est pas du gâteau à camoufler.

Les deux hommes s'interrompirent. McCartney tapait du poing sur le capot pour attirer leur attention. En dehors des vers *Michelle, ma belle, sont des mots qui vont si bien ensemble*, qu'il n'avait d'ailleurs pas écrits lui-même, son français était limité, mais il parvint à articuler :

– Nous, musiciens… Vous reconnaître moi, *I suppose*… Voiture *broken, kaput*…

En entendant le mot « musicien », Lulu se souvint d'un chanteur anglais qui avait fait la une des journaux il y a quelque temps. Il était contre une guerre, quelque part en Asie, des Américains contre des Jaunes, et il avait lancé une campagne pour la paix.

– T'es John Lennon, c'est ça ? Eh ben, j'm'en tamponne, dégage la route, ducon !

À la mention de son ex-partenaire avec lequel il était en procès, McCartney balança un coup de pied rageur dans l'aile de la fourgonnette. Maurice dut retenir Lulu pour l'empêcher de sortir « casser la gueule à ce sale pédé», tandis que Denny Laine et Linda s'efforçaient de ramener Paul à la raison. Quand la tension fut un peu retombée, Linda fit appel à de lointains souvenirs scolaires.

– Il faut excuser *my husband*, quand on prononce le nom de John devant lui, il devient *berserk*, heu… maboul.

En entendant le prénom de son ex-comparse, McCartney serra les poings.

– Madame, prévint Lulu, soit votre mari se calme tout seul, soit je lui apprends la politesse à coups de pioche dans la gueule.

– Je suis désolée, d'habitude il est si pacifique… Il a même écrit une chanson qui disait que tout ce dont nous avons besoin, c'est d'amour. C'est joli, vous ne trouvez pas?

À la mention de cet appel à la paix et à l'amour universel, Paul se ressaisit et demanda à Linda de présenter ses excuses aux Français.

– Il vous dédommagera pour les bosses sur la carrosserie. Il tient à préciser qu'il est extrêmement célèbre et s'étonne que vous le confondiez avec celui dont il ne faut pas prononcer le nom. Il souhaiterait aussi que vous déposiez Denny, un de nos musiciens, au village le plus proche.

– Pas le temps, répondit Lulu, et puis on n'est pas un taxi, adressez-vous ailleurs. Mais pour le dédommagement, on est d'accord.

Paul lui tendit quelques billets qu'il fourra dans sa poche.

– Je crois que le taux de change de la livre sterling est pas mal en ce moment, commenta-t-il en redémarrant. On passera à la banque demain.

Les naufragés du bus à impériale regardèrent la 2 CV faire demi-tour et disparaître. Beef commençait à en avoir assez de cuire au soleil au bord d'une route de campagne et annonça qu'il allait essayer de rafistoler la boîte de vitesses.

– Ça ne vous tente pas d'aller vous tremper dans le ruisseau qui coule au bout du champ ? proposa Linda, histoire de détendre l'atmosphère. Ça nous rafraîchira.

– Il y a un truc qui me tracasse, Maurice… commença Lucien alors qu'ils s'éloignaient. Tu as remarqué le mot peint en grosses lettres sur leur bus : Wings. Il y avait le même sur le tee-shirt du môme, je parle de celui qu'on a trouvé chez Marcel.

– Tu penses qu'il était avec eux ?

– Ça coule de source. Ça veut dire qu'on a déconné et qu'il va falloir jouer serré. On s'occupe des autres avant que les flics ne viennent fouiner dans le coin et ensuite on fait profil bas.

– On va jeter un œil sur l'autre bus maintenant ?

– J'ai changé d'avis. Ils reconnaîtraient la voiture, faudrait pas éveiller leurs soupçons. On empruntera celle de Jacky. Pour l'instant on va prendre l'apéro chez Marcel.

9

Après quelques tournées entrecoupées d'échanges insignifiants sur le temps, le remplacement de Chaban par Pierre Messmer au poste de premier ministre et la recrudescence des accidents de la route, une soudaine inflexion de la voix de Lucien alerta Marcel sur le fait qu'il était venu l'entretenir d'un tout autre sujet.

– On voulait aussi mettre les choses au clair avec toi : hier, t'as rien vu, t'as jamais eu de client anglais. On est bien d'accord ?

– Écoute, Lucien, je ne sais pas ce que vous trafiquez à l'étang et ça ne me regarde pas, mais ça commence à faire beaucoup de, heu…, disparitions inexpliquées. Vous devriez faire gaffe. Les gens causent.

Lucien lâcha son verre qui se brisa sur le carrelage et empoigna Marcel par le col.

– Moi, je crois que c'est surtout toi qui aimes causer. Tu veux qu'on t'emmène y faire un tour, à notre étang ?

– Te fâche pas, Lulu. Reprends un autre verre, même du mousseux si tu veux, je vais en chercher une bouteille. C'est pour la maison.

Maurice et Lucien ressortirent une demi-heure plus tard. Ils devaient livrer un brochet à un restaurant de la région. « Un beau », avait précisé le cuistot, « trente kilos minimum ». Les Touvier n'avaient pas toujours nourri leur élevage de cette façon. Tout avait commencé au début des années soixante, lorsque des jeunes gens qui avaient trop lu Kerouac avaient pris l'habitude de parcourir les routes d'Europe en solitaire. L'idée leur était venue d'arrondir leurs fins de mois en les dépouillant. Pour se débarrasser des corps, l'étang était bien pratique et le risque d'être inquiété était limité sinon nul. Les parents ignoraient si leur progéniture était en train de fumer du shit à Berlin, Tanger ou Katmandou, et ne se souciaient de leur disparition qu'après plusieurs mois de silence. Et lorsque l'alerte était donnée, les autorités avaient d'autres priorités que de rechercher des beatniks en fugue. Les gains n'étaient pas extraordinaires, mais ces jeunes globe-trotteurs n'utilisaient pas de chéquier et transportaient leurs économies en espèces. Lulu allait régulièrement changer les dollars, livres sterling ou deutschemarks récupérés, en choisissant à chaque fois une agence bancaire différente afin de ne pas éveiller les soupçons. Mais cette fois, ils avaient vu grand, c'était leur premier bus.

À l'aéroport de Schiphol, Lavandier avait loué une Cadillac avec laquelle il s'apprêtait à se lancer sur la piste des Wings. Un bus à impériale peinturluré de couleurs psychédéliques ne pouvait pas passer inaperçu, ce ne serait pas très compliqué de retrouver sa trace. Et puis une virée dans un palace sur roulettes équipé de l'air conditionné et d'une chaîne stéréo dernier cri – il avait choisi le modèle le plus cher parmi ceux que proposait l'agence de location – n'était pas une corvée déplaisante. Quitte à être viré s'il ne retrouvait pas Paul, autant profiter une dernière fois des avantages que conférait le statut de cadre dans une major de l'industrie du disque. En revanche, la compta risquait de tiquer pour rembourser le fric claqué dans le quartier rouge d'Amsterdam. Qu'importe, il s'était offert une sacrée nuit. Maintenant il était temps de se mettre au travail, mais avant, il convenait de minutieusement préparer son itinéraire. Il consulta son Guide Michelin, cocha quelques adresses au stylo, puis le reposa sur le tableau de bord. Cette question réglée, il ajusta le rétroviseur à sa vue et sortit du parking.

Après avoir déjeuné de filets de brochet à la crème arrosés de quelques verres de gnôle, Maurice et Lucien se rendirent à pied chez Marcel. Ils longeaient la ferme des Blanchard quand une voix les interpella.

– Psst !

Jacky Blanchard se tenait sur le seuil de la porte. Il leur fit signe d'entrer.

– Qu'est-ce qui nous vaut l'honneur de ton invitation, mon bon Jacky ? demanda Lulu.

– C'est rapport à Pénélope.

– La fille de Marcel ?

Blanchard hocha la tête.

– Tôt ce matin, je me rendais chez Gaby pour lui emprunter une brouette, la roue avant de la mienne est faussée, quand je suis tombé sur un truc pas catholique. J'ai jugé utile de vous en toucher deux mots.

– Deux mots, oui, mais pas un roman. Accouche.

– J'arrivais sur la place du village quand j'ai aperçu Pénélope qui causait avec un type aux cheveux longs. Je me suis arrêté et j'ai tendu l'oreille, mais ils parlaient pas français.

– Celle-là, quelle chieuse !

– Je te le fais pas dire, elle tient de sa mère.

– Et ensuite, qu'est-ce qu'ils ont fait ?

– J'en sais rien, ils sont partis tous les deux. Je pouvais pas les suivre, j'avais du boulot.

– D'accord, je te remercie Jacky, je m'en souviendrai.

– Tu sais, moi non plus j'aime pas ces jeunes débraillés. Chacun chez soi.

– Dis, je voulais aussi te demander : tu pourras nous prêter ta voiture dans la journée ?

– Pas de problème, Lulu.

En sortant de chez Blanchard, Maurice demanda à Lulu :

– Au fait, pourquoi, elle porte ce prénom bizarre, la fille de Marcel ?

– C'est à cause de Jeannette, sa mère, elle passait son temps à lire des bouquins. Elle avait trouvé ça dans une légende grecque, je crois.

– Ah, les bonnes femmes…

Ils marchèrent en silence jusqu'à la boutique de Marcel. Après avoir vérifié qu'il était seul, ils poussèrent la porte.

– Vous revoilà déjà ?

– Ouais, tu pourrais peut-être nous rendre un service.

– Encore ?

– Mais avant faut qu'on te parle de quelque chose. C'est au sujet de ta fille. On vient d'apprendre qu'elle a causé avec un type ce matin, sur la place du village, un étranger. T'as une idée de ce qu'elle a pu lui raconter ?

– Évidemment non.

– Eh bien, tâche de savoir, ça nous intéresse.

– Bon, j'essaierai, mais elle me raconte rien. Qu'est-ce que c'était le service ?

– On repassera t'en parler tout à l'heure. D'abord faut qu'on fasse un petit repérage.

10

À l'approche d'Anvers, Lavandier ressentit un petit creux. Il profita d'une aire d'autoroute pour consulter le Guide Michelin qu'il ouvrit à la page d'Antwerpen, Anvers en flamand. Le Bistrot du Nord, le séduisit par la mention « cuisine traditionnelle » et l'avis qui accompagnait la photo d'une salle où s'alignaient des tables recouvertes de nappes blanches, sur lesquelles des abat-jours art nouveau répandait une lumière tamisée : « *Une étoile : cuisine d'une grande finesse. Bon standing. Vaut l'étape !* » Il repartit en rêvant de blanquette de cou de porc à la poitrine de porc et oreille de porc frite, tout en se demandant s'il convenait de l'accompagner d'une bière trappiste ou d'un vin d'Alsace.

Jacky leur avait confié les clés de sa Renault 16 en leur recommandant de ne pas la brusquer car elle était encore en rodage. Comme les autres habitants de Lamotte-Buleux, il ne se serait pas risqué à refuser un service à ces brutes de Touvier, pas plus qu'il n'aurait osé leur demander pourquoi ils avaient besoin de sa voiture.

Le bus de The Famyly était à la même place. On le voyait de loin, seule protubérance au milieu de champs de betteraves s'étendant à l'infini.

Trois personnes, deux gars et une fille, étaient assis sur des caisses avec des guitares. Ils ne semblaient pas s'en faire et ne prêtèrent aucune attention à la voiture lorsqu'elle les dépassa. Ils avaient momentanément abandonné l'idée de faire du stop et la réparation de leur véhicule ne faisait plus partie de leurs préoccupations immédiates. Après tout, ils disposaient d'une bonne provision d'herbe, il restait des vivres pour deux jours, voire trois en faisant attention, et leur leader égocentrique n'avait pas réapparu, ce qui leur faisait des vacances.

– J'en ai compté trois, dit Lucien sur le chemin du retour. On pourrait s'en occuper tous les deux, mais, pour plus de sûreté, on demandera à Marcel de nous accompagner.

– Et pour le bus ?

– On prendra le Massey Ferguson et on le tractera jusqu'à l'étang en passant par des petits chemins à travers champs. Le plan d'eau fait cinq mètres de profondeur, ça laisse une bonne marge entre le toit du car et la surface. Même en cas de sécheresse, on est peinards.

– Impec', Lulu ! T'as pensé à tout comme d'hab'.

Maurice se tut quelques instants, réfléchissant à la meilleure façon de formuler l'idée qu'il mûrissait depuis quelques jours, puis se lança.

– Dis-donc, j'ai pensé qu'on pourrait faire dans l'écrevisse. Elles donneraient un coup de paluche aux brochets – pour ce qui est de la barbaque, c'est des voraces – et on pourrait en vendre aux restos de la région.

– Maurice, tu causes pas beaucoup, mais quand tu causes, c'est pas pour ne rien dire !

– Merci Lulu.

– Et maintenant, allons nous faire payer un coup chez l'ami Marcel.

Lavandier peinait à terminer la deuxième gaufre qu'il avait commandée en dessert, accompagnée d'un assortiment de petites pralines. Il se sentait passablement lourd et desserra discrètement sa ceinture d'un cran. Les joues colorées par la bouteille de gewurztraminer qu'il venait de vider, après les deux Chimay bus en apéritif, il se disait que ce ne serait pas prudent de reprendre la route maintenant et qu'il valait mieux s'accorder une petite sieste. Il réclama l'addition, se fit établir une note de frais puis demanda au garçon de lui conseiller un bon hôtel.

Marcel jetait des yeux éperdus vers les boîtes de petits pois et les paquets de petits beurre LU qui tapissaient les étagères, un univers familier et rassurant qu'il sentait menacé depuis que les Touvier s'étaient mis en tête de l'entraîner dans l'une de leurs expéditions nocturnes.

– Vous rendre service de temps en temps, j'dis pas, mais me mêlez pas à vos histoires ! plaidait-il.

– Nos histoires ? Mais t'y es mêlé jusqu'au cou, à nos histoires et t'es bien content d'en croquer, mon salaud ! Alors tu vas venir avec nous ce soir.

– Je veux pas avoir de sang sur les mains. Je vais à l'église tous les dimanches, moi !

– Eh bien, t'iras à confesse ! Mais ne t'inquiète pas, on se charge du sale boulot. Je te demande juste d'amener le tracteur sur place, ensuite tu rentres au village avec la voiture, tu vas te coucher et tu oublies ce que tu as vu.

– Quand même, je trouve ça risqué. Vous voulez pas remettre ça à plus tard ?

– Impossible, si on attend, ils vont finir par comprendre que leur copain a eu un pépin et ils iront trouver les gendarmes. Et puis on a de bonnes raisons de croire que le chevelu qu'est venu acheter de la boustifaille dans ton magasin appartient à une autre bande de hippies. Il y a un deuxième bus en panne, sur la départementale qui mène à Abbeville. Celui-là, on n'y touche pas. Ils vont sûrement déclarer la disparation de leur copain à un moment ou à un autre, mais on s'en fout, y a aucune preuve contre nous.

– J'espère que t'as raison, parce que je sais pas ce que je ferais si je voyais les gendarmes débarquer dans mon magasin…

L'hôtel Rubens, situé dans le centre historique de la ville, avait eu les faveurs de Lavandier. Les chambres étaient spacieuses et confortables, il ne restait qu'à voir avec le garçon d'étage s'il pouvait lui procurer de la compagnie pour la nuit. Avant d'entamer sa sieste, il avait appelé Delaroche, inventant d'épuisantes recherches, hélas sans résultat pour le moment. Son boss lui avait reproché sa voix pâteuse et l'avait assuré que la compta examinerait ses notes de frais à la loupe.

11

Tandis qu'ils gagnaient le hangar où les Touvier rangeaient leur matériel agricole, un peu après minuit, Marcel énumérait les arguments qu'il avait ressassés toute la journée pour tenter de les convaincre de ne pas l'entraîner dans leur expédition, mais, voyant que Lulu commençait à s'énerver, il finit par se taire. Une fois juché sur le perchoir que constituait le siège du vieux Massey Ferguson, il ne put s'empêcher de soulever une dernière question.

– Et si une voiture passait sur la route ?

– En milieu de semaine, à cette heure-ci ? Aucun risque. Il faut agir vite, c'est tout. De toute façon, ce n'est pas ton problème. Contente-toi de conduire le tracteur.

Marcel tourna la clé de contact. Au bout d'une vingtaine de secondes le six cylindres toussa puis communiqua sa vibration régulière à l'antique volant métallique. Même si le hangar était bâti à l'écart du village, il avait l'impression que les deux-cent-soixante-dix habitants de Lamotte-Buleux venaient de se réveiller, l'oreille aux aguets. La sueur dégoulinait le long de sa colonne vertébrale, chaude et gluante, pendant qu'il se familiarisait avec les commandes rudimentaires de l'engin.

– Tu t'arrêtes environ cinq cents mètres avant d'arriver au bus, tu nous rejoins à pied et on passe à l'action, récapitula une dernière fois Lucien.

– C'est vous qui passez à l'action. On est d'accord ?

– Calme-toi, personne ne te demande d'y participer. Tu observes et tu n'interviens qu'en cas de problème, s'il y en a un qui nous file entre les pattes par exemple. Je te rappelle que si l'un d'entre eux va voir les poulets, on plonge tous.

Marcel acquiesça.

– Quand on aura terminé, tu rapproches le tracteur, je te file les clés de la deuche, tu rentres avec et tu dors. Le reste, c'est notre affaire.

Lucien roulait tous feux éteints. Il coupa le moteur lorsqu'il aperçut le feu de camp autour duquel s'étaient regroupés Miquette, Mick et Gary. La fourgonnette continua sur son élan pendant quelques dizaines de mètres avant de s'arrêter. Il n'y avait pas un souffle de vent, le son portait peu et les musiciens leur tournaient le dos. Tous les éléments étaient réunis pour assurer la réussite de l'opération.

– Il faut frapper vite et fort, dit Lucien, avant qu'ils se mettent à cavaler dans tous les sens, sans quoi on réussira jamais à les rattraper, vu qu'ils sont jeunes et qu'on n'est pas de grands sportifs.

Munis d'une hache de bûcheron et d'un pied de biche, Maurice et Lucien se rapprochèrent du campement, couverts par le bruit des guitares. Marcel les rejoignit peu après en soufflant. Il jetait autour de lui des regards inquiets, comme s'il essayait de percer l'obscurité.

– Qu'est-ce que je dois faire ? demanda-t-il.

– On liquide d'abord les deux gars, ensuite on s'occupe de la fille. Tu attends ici avec le marteau que je vais te donner, et s'il y en a un qui s'échappe : paf! Dans sa gueule. Et maintenant, on y va !

Lucien avançait vers Mick, Maurice vers Gary, tout en gardant un œil sur Miquette. Les guitares et les chants se turent brusquement. La tête de Mick venait d'éclater en émettant le bruit d'une pastèque qu'on projetterait contre un mur. Celle de Gary se détacha du premier coup, Maurice avait passé une partie de l'après-midi à affûter la lame. Miquette se leva d'un bond, une main plaquée sur la bouche. Cette irruption brutale de l'horreur au milieu de ce qui jusqu'ici avait été une paisible soirée défiait la raison. Les deux garçons qui reprenaient avec elle le refrain de *Blowin' in the Wind* [2] quelques secondes plus tôt n'étaient plus que des corps sans vie – si ce n'était le faible râle qui s'échappait encore de la bouche de Mick –, baignant dans leur sang. Elle poussa un cri terrifiant qui fit reculer Marcel de quelques pas.

– Je m'en charge, dit Maurice en avançant vers elle.

Miquette regardait sans comprendre ces deux hommes qu'elle n'avait jamais vus, le seul mot qu'elle parvint à articuler fut :

– Pourquoi ?

---

2 - Chanson de Bob Dylan.

Puis, prenant Maurice de vitesse, elle plongea vers le brasier et s'emparerera d'une bûche enflammée qu'elle brandit comme une torche. Son agresseur recula, indécis.

– Pose ça, on ne te veut pas de mal, dit-il.

Miquette regarda la tête décapitée de Gary et éclata d'un rire nerveux. Soit ce type était le roi de l'humour noir, soit il la prenait pour la reine des connes. Elle profita des quelques secondes qu'elle venait de gagner pour rejoindre la route. Il fallait fuir loin de ce cauchemar, courir sans se retourner, sans s'arrêter. Maurice et Lucien se lancèrent à sa poursuite, mais elle avait pris de l'avance.

– Arrête la ! crièrent-ils à Marcel.

Tétanisé, celui-ci regardait Miquette foncer sur lui en brandissant sa torche.

– J'peux pas Lulu. Elle pourrait être ma fille, j'veux pas lui faire de mal.

– Après ce qu'elle a vu, on n'a pas le choix. Tu veux finir en taule ? tentait de le convaincre Lucien.

À l'évocation de la prison, Marcel saisit Miquette par un bras. Finalement elle ne ressemblait pas tant que ça à sa fille. Elle fit volte-face et, de son bras libre, celui qui tenait la torche, enflamma son blouson en nylon. En quelques instants, il ne fut plus qu'une longue flamme s'élevant dans la nuit. Une flamme qui émettait des cris déments et que Miquette laissa derrière elle. Maurice et Lucien abandonnèrent la poursuite. Ils ôtèrent leurs vestes et en enveloppèrent Marcel pour essayer d'étouffer le feu. Il criait déjà moins fort, puis il ne cria plus du tout et s'effondra sur la chaussée. Ils se penchèrent sur lui. Il respirait encore, mais son visage n'était plus qu'un amalgame de chair, de cheveux et de nylon calcinés. Maurice se releva pour aller vomir.

Miquette était loin, mais, dans l'immédiat, les Touvier avaient des problèmes plus urgents à régler.

– Le con… murmura Lucien en contemplant le corps calciné. On n'est pas dans la merde !

12

– On a encore du boulot, fit Lucien. Va chercher la 2 CV, on couchera Marcel à l'arrière. Moi, je ramène le tracteur.

Le Massey Ferguson attendait un peu plus loin, sur un chemin perpendiculaire à la route. Lucien lui fit parcourir les derniers mètres qui le séparaient de la scène du carnage. Son frère était aussi de retour avec la fourgonnette. Ils allongèrent le corps gémissant du commerçant à l'arrière puis ramassèrent les cadavres de Mick et Gary qu'ils jetèrent à l'intérieur du bus. Enfin, ils ratissèrent le sol afin d'éliminer toute trace du séjour des Anglais et étouffèrent le feu sous des pelletées de terre. Du travail efficace et rapide comme l'aimaient les Touvier.

– Toi, Maurice, tu rentres avec la deuche, tu la planques sous le hangar et tu me rejoins à l'étang. Pour l'instant on laisse Marcel à l'intérieur. J'ai entendu dire qu'il fallait pas toucher aux grands brûlés.

– On l'emmène pas aux urgences ?

– T'es fou. Faudrait donner des explications. On le ramènera chez lui quand on aura fini, Pénélope le soignera.

– Le soigner ? T'as vu dans quel état il est ?

– Il est solide, il nous enterrera tous. De mon côté, j'attelle le bus au tracteur et je vais à l'étang en passant par les petits chemins. À tout à l'heure, sois prudent.

Trois quarts d'heure plus tard, quand les deux frères se retrouvèrent, le bus était dételé, l'avant face à l'étang. Lucien avait baissé toutes les vitres afin que l'eau pénètre plus vite, déshabillé les cadavres qu'il avait lestés de pierres, puis rassemblé leurs biens près d'un bidon d'essence, au pied du saule pleureur.

– Pendant que je fous le feu à leurs frusques, balance le car dans la flotte.

– Tu leur as fait les poches ?

– De vraies cloches ! J'ai juste trouvé un peu de monnaie, de quoi acheter un paquet de Gitanes, et encore… On se donne du mal et voilà le résultat.

Maurice s'installa au volant du Massey Ferguson et commença à pousser le Bedford vers son dernier parking. Le train avant s'enfonça majestueusement dans l'eau en émettant un gargouillement, puis le reste de la carcasse suivit. Quelques minutes plus tard, seules les dernières bulles d'air qui crevaient la surface témoignaient de sa présence au fond de l'étang. Les brochets tournaient déjà autour, attirés par l'odeur du sang.

– Ça me rappelle un film que j'ai vu à la télé l'autre soir, dit pensivement Maurice.

– Un épisode des Cinq Dernières Minutes ?

– Non, non, un truc américain, l'histoire d'une fille qui s'arrête dans un hôtel. Le réceptionniste la zigouille, vite fait, bien fait, pendant qu'elle prend sa douche. Je me souviens plus pourquoi il fait ça. C'était même pas pour le pognon.

– Un dingue.

– Sûrement. Et ensuite il balance sa bagnole dans une mare.

– Ça se termine comment ?

– J'ai oublié.

– Il a dû se faire pincer, c'est toujours comme ça au cinéma.

Ils regardèrent en silence les bagages de The Famyly qui achevaient de se consumer puis Lucien dit :

– Assez bossé pour aujourd'hui, on confie Marcel à Pénélope et on repasse à la maison se débarbouiller, on s'est foutu du sang partout. Ensuite on s'occupera de retrouver la fille que ce con a laissé filer.

Lucien jeta une poignée de gravier contre les volets de la chambre de Pénélope et attendit. Au bout d'un moment, une lumière s'alluma, un battant des volets s'entrouvrit et la jeune femme apparut, retenant d'une main les pans de sa robe de chambre.

– Descends, dépêche-toi ! ordonna Lucien.

– Qu'est-ce qui vous voulez encore ? De toute façon, Marcel n'est pas là.

– Évidemment, puisqu'il est avec nous.

– Je ne le vois pas.

– Descends, nom de Dieu !

Quelques instants plus tard, ils se tenaient tous les trois à l'arrière de la fourgonnette. Avant d'ouvrir les portes, Lucien se tourna vers Pénélope.

– Il est blessé et, je préfère te prévenir, il est pas beau à voir.

Malgré cet avertissement, quand elle découvrit ce qu'il restait de son père, elle laissa échapper un cri.

– Que lui est-il arrivé ? Qu'est-ce que vous lui avait fait, bande de salauds !

– Il s'est brûlé. C'est un accident.

– Il faut tout de suite l'emmener à l'hôpital.

– Ça, c'est impossible. On va le coucher dans son lit, tu le veilleras. Et ne t'avise pas d'aller chercher du secours. Tu lui causerais du tort et à nous aussi.

– Sans soins, il va crever.

– Je croyais que tu étais fâchée avec lui… Tu devrais t'en foutre.

– Il reste tout de même mon père.

– Bon, assez causé, le jour va se lever. On le monte dans sa chambre, tu t'occuperas de la boutique. Si elle reste fermée, les gens vont se poser des questions.

– Comme s'ils ne s'en posaient pas déjà !

13

Beef fumait tranquillement une Player's, assis sur le marchepied du Bristol, quand Paul le rejoignit, les yeux gonflés de sommeil.

– Quoi de neuf, Beef ?

– Je me demandais si vous alliez finir par vous réveiller, patron. C'est que je suis pressé de mettre les bouts, moi !

– Eh ! Tu veux dire que tu l'as fait ?

– Oui, la boîte de vitesses devrait tenir le coup jusqu'à ce qu'on trouve un garage qui nous la change.

– Beef, tu es un génie. Je préviens les autres, on se tire.

– On n'attend pas le retour de Doug ?

– Bah… À cette heure-ci, il est déjà en train de taquiner le brochet au bord d'un lac écossais. Depuis quelque temps, je sentais qu'il en avait marre, mais il aurait pu nous quitter plus élégamment.

Dans la cuisine des Touvier qui venaient de passer une nuit blanche, la matinée commençait moins positivement. Ils devisaient sombrement, attablés devant des tartines de rillettes et des bols de café noir.

– Il faut qu'on la retrouve. Elle n'a pas pu aller bien loin. Elle doit être épuisée, affamée… On prendra le berger allemand de Jacky et on fera une battue. J'ai ramassé un de ses soutiens-gorge dans le bus. Avec ça, le clébard devrait nous mettre sur sa piste.

– Ouais, bah, va falloir attendre un peu, devine qui vient nous voir…

Lucien tourna la tête vers la fenêtre, une 4L bleue de la gendarmerie pénétrait dans la cour de la ferme. Les portes claquèrent et quelques instants plus tard deux hommes en uniforme se tenaient devant la porte.

– On peut entrer ?

Lucien s'approcha et souleva le loquet.

– Ah, c'est toi ! fit-il, soulagé de découvrir qu'il s'agissait de son cousin René, flanqué d'un collègue. Que me vaut le plaisir de votre visite ?

– Je vous présente mon adjoint, le maréchal des logis-chef Peyrolles, commença René sur un ton officiel auquel les Touvier n'étaient pas habitués.

Les quatre hommes se saluèrent en silence.

– Je suis embêté, Lulu… poursuivit-il.

– Tu vas me raconter tout ça, mais je vous sers d'abord un café avec un coup de gnôle ?

– Non, merci, c'est justement de ça qu'on est venus te causer. On a reçu une plainte comme quoi les Touvier distilleraient de l'alcool en douce et l'écouleraient sur les marchés de la région. C'est pas possible, ça, les gars ! Vous n'êtes pas habilités à produire et à vendre de l'eau-de-vie. Pense un peu à moi, Lulu ! J'ai l'air de quoi avec des cousins soupçonnés de contrebande ?

– C'est pour ça que t'es venu ? Ça fait vingt ans qu'on vend notre gnôle, on fait de mal à personne. Qui c'est qu'est venu baver ?

– Tu sais bien que je ne peux pas te le dire. Est-ce que tu me donnes ta parole que vous serez plus discrets à l'avenir ?

– Mais oui, mais oui… on est du bon côté de la loi, tu sais bien. Bon, maintenant qu'on s'est expliqués, vous prenez un kawa ?

Les deux gendarmes acquiescèrent et s'assirent autour de la vieille table en chêne. On évoqua la canicule et l'ouverture du championnat : les Dogues relégués en D2 cette année, quelle misère ! René nota dans un coin de sa tête que ce matin, les Touvier n'avaient pas trop la tête à commenter les déboires de l'équipe lilloise, puis il changea de sujet.

– Au fait, on est passés devant chez Marcel. Il m'a semblé que c'était sa fille qui tenait la caisse. C'est bien la première fois que je la vois dans le magasin, celle-là. Tu sais où est son père ?

– Marcel ? Aucune idée. Il doit être chez un fournisseur.

– Ouais… C'est bizarre, d'habitude il y va le lundi.

Personne ne trouva rien à ajouter. Les gendarmes terminèrent leur café et se levèrent.

– On va y aller, fit René. Et vous arrêtez vos conneries, on est d'accord ?

– C'est promis, t'entendras plus parler de nous. En mal, je veux dire.

Les militaires saluèrent et sortirent.

– On avait bien besoin de ces fouille-merde ! explosa Lucien quand ils furent partis. Maintenant il faut retrouver la fille et vite. Avant d'aller chercher le chien de Jacky, on va passer au bazar prendre des nouvelles de Marcel et aussi resserrer les boulons, je voudrais pas que Pénélope nous crée plus d'emmerdes qu'on en a déjà.

Elle était seule dans le magasin quand ils entrèrent, à la fois furieux et inquiets de la situation qu'il leur échappait peu à peu.

– Comment va-t-il ?

Elle était pâle, les yeux cernés après avoir veillé son père jusqu'à l'aube.

– J'ai peur. La plupart du temps il est dans les vapes, et quand il se réveille il gémit comme un animal. Si on ne fait rien, il va crever.

– Mais non, ça va cicatriser. On passera le voir tout à l'heure. En attendant, tu bouges pas du magasin et si on te pose des questions, il est à Abbeville pour la journée, tu rentres pas dans les détails.

– Ah, oui ? Alors que sa voiture est garée devant la maison !

– Merde ! On aurait dû y penser.

– Si René voit la bagnole, on est mal.

– Ça commence à puer, tout ça.

– René est dans le coin ? demanda Pénélope.

– T'occupe, petite fille, file-moi les clés de l'Ami 6 et contente-toi de faire ce qu'on te dit.

14

Si les clients ne se bousculaient pas dans le petit magasin ce matin, en revanche, depuis un quart d'heure, c'était le ballet des pénibles. Après les Touvier, ce fut au tour des deux gendarmes de faire chanter le carillon de la porte.

– Bonjour Pénélope, ça va ? salua René. C'est pas souvent qu'on te voit à la boutique. Ton père n'est pas là ?

– Il m'a demandé de le remplacer, il est occupé ailleurs.

– Ah, très bien.

René se tut, il lui semblait percevoir un bruit, une sorte de plainte, venue de l'étage supérieur.

– Vous vivez au-dessus, n'est-ce pas ?

Ce n'était pas vraiment une question.

– Oui, pourquoi ?

– J'ai cru entendre quelqu'un gémir.

– Ce doit être Pluto, la chienne, elle n'aime pas rester seule.

– Tout simplement. Bon, on t'embête pas plus. Tu diras bonjour à Marcel quand il rentrera.

Les deux militaires se dirigeaient vers la porte quand René s'arrêta et posa sa main droite sur son front, comme s'il venait soudain de se souvenir de quelque chose. Il avait piqué ce truc dans une série télévisée américaine qui mettait en scène un flic à l'apparence miteuse mais qui trompait son monde et finissait toujours par coffrer les assassins. Il faisait ce numéro à chaque fois qu'il était sur une enquête, ça amusait beaucoup Peyrolles.

– Au fait… j'y pense, ton père a bien une Ami 6 ?

Pénélope ne répondit rien, attendant la suite.

– Lorsqu'on est passé tout à l'heure, il m'a semblé la voir devant la maison et… elle n'y est plus. Comment tu expliques ça ?

– Vous avez dû passer juste avant qu'il s'en aille, j'imagine.

– Ah, mais oui, tout s'explique. À bientôt, Pénélope !

En regardant partir les deux flics – ou gendarmes, c'était du pareil au même –, elle se demanda pourquoi elle ne leur avait pas tout raconté. Sans doute que les Touvier lui fichaient la trouille et aussi – ça, elle avait du mal à se l'avouer – qu'elle trouvait que ce qui était arrivé à son paternel était bien fait pour sa gueule. Pendant des années Lucien et Maurice avaient baisé sa mère, quasiment sous son nez, et cette larve avait fermé les yeux. Toute sa vie, il avait rampé devant ces porcs. Jusqu'à hier soir.

C'est peu après Lille que Lavandier commença à ressentir des tiraillements familiers en provenance de son estomac. Il tint bon jusqu'à Lens puis s'arrêta pour prendre un café et consulter le Michelin, pour découvrir que les restaurants de la ville n'avaient pas eu l'heur d'émoustiller les papilles des critiques du guide. En tournant les pages, il découvrit qu'ils recommandaient en revanche la table du Cercle, à Nœux-les-Mines. «*Assiettes maîtrisées [...] les produits sont de qualité [...] belles coquilles Saint-Jacques sur leur crémeux de chou-fleur*», c'était plus qu'il n'en fallait pour le convaincre de s'autoriser un crochet de quelques kilomètres.

15

Maurice et Lucien se tenaient sur le seuil de la porte. Jacky les toisait avec méfiance et ne les invitait pas à entrer.

– Et vous le voulez pour quoi faire, Whisky ?

– Ça, c'est nos oignons.

– Ce sont les miens aussi, d'oignons. Tout le monde au village en a marre de vos combines. Cette nuit encore, vous avez foutu un foin de tous les diables, le bétail s'est agité, les chiens ont aboyé… Et avec ça, Marcel qui a disparu.

– Je vois que les nouvelles vont vite. Il n'a pas disparu. Il a le droit de prendre des congés comme tout le monde, non ?

– Des congés ! Comme si c'était son genre de prendre des congés. Et sans prévenir personne…

– Tu commences à me les briser, Jacky. Va chercher ton clébard. On te le ramène dans deux heures.

Le paysan céda et revint avec le berger allemand.

– L'excitez pas, surtout, il est déjà assez agressif comme ça. L'autre jour, il a arraché la main d'une gamine qui jouait devant la maison. Ça va que c'était une petite romano, j'ai menacé les parents de les dénoncer pour vagabondage s'ils me cherchaient des noises, mais vous imaginez si ça avait été quelqu'un d'ici ?

– C'est une brave bête, ça ! fit Lucien en apprenant ses exploits.

La brave bête grimpa à l'arrière de la fourgonnette et les Touvier prirent la direction du terrain où The Famyly avait involontairement pris ses quartiers trois jours plus tôt.

– T'auras toute la bidoche que tu voudras si tu retrouves cette fille, promit Lucien au berger allemand en lui faisant renifler le soutien-gorge de Miquette. Allez, cherche !

Le chien hésita, tourna en rond, flaira le sol ici et là, puis s'élança au petit trot. La piste était fraîche et facile à suivre.

– Tout doux, pas si vite !

Maurice fut le premier à décrocher. Le marathon, c'était pas son truc. Écarlate et suffoquant, il s'arrêta pour reprendre haleine tandis que Lucien tenait bon, essayant de ne pas perdre de vue le molosse et pestant de ne pas avoir pris de laisse. Ils parcoururent pendant ce qui lui parut une éternité des champs récemment fauchés, en longèrent d'autres qui attendaient de l'être et auraient pu dissimuler un fuyard, mais le chien continuait sans faiblir, le museau collé au sol. Puis, imperceptiblement, il commença à ralentir. Quand Lucien le rattrapa, l'animal se tenait devant une cabane abandonnée, à moitié effondrée. Même lui qui ne se laissait pas facilement impressionner n'était pas tranquille quand il grognait comme ça en montrant les crocs. Après avoir fait le tour de la baraque et constaté qu'elle ne comportait pas de fenêtre, il attendit que son frère le rejoigne.

– Si elle se planque là-dedans, elle est à nous. Elle ne peut sortir que par cette porte.

Maurice hocha la tête et tira son marteau de l'une des poches de sa cotte de travail.

– Allons-y, fit Lucien une fois son frère outillé.

Il donna un coup de pied dans la porte qui s'ouvrit en grinçant. Le berger allemand se rua à l'intérieur, toujours en grognant, suivi des Touvier qui constatèrent que la pièce était vide.

– Elle a dû passer la nuit ici et repartir.

Le molosse tournait en rond dans la petite pièce sans se décider. Lucien lui fit à nouveau renifler le soutien-gorge, mais le chien détourna le museau, sortit de la baraque, s'assit sur son séant et attendit.

– Allez Whisky, cherche, c'est pas terminé, il nous la faut, cette salope! l'encourageait en vain Maurice.

Mais l'animal fixait l'horizon sans bouger, comme un jouet dont on aurait ôté la pile. Les Touvier se regardèrent en haussant les épaules. Dans l'immédiat, même Lucien ne savait pas quoi faire.

Quand il autorisa enfin le serveur à débarrasser le chariot de fromages, il constata qu'il était le dernier client. Il regarda sa montre: à peine 15 h. Il se leva, paya, sans oublier de demander une note, puis se dirigea d'un pas lourd vers sa Cadillac de location.

Il avait remarqué que le restaurant était adossé à un hôtel et se serait volontiers accordé une sieste, mais il songea qu'il était temps de trouver quelque chose de concret à raconter à Delaroche, qui devenait nerveux, et reprit courageusement le volant.

L'aiguille de la jauge d'essence pénétra dans le rouge peu avant Abbeville. Il comptait de toute façon s'arrêter à la prochaine station-service, comme il le faisait à chaque fois qu'il en rencontrait une, afin de demander si quelqu'un avait vu passer au cours des derniers jours un bus à impériale à la livrée bariolée.

Le premier employé qu'il interrogea rentrait de vacances et reprenait à peine son service, mais l'un des mécanos se souvenait très bien de l'antique Bristol et de son panache de fumée noire, on n'en croisait pas tous les jours. Ses occupants étaient descendus un moment se dégourdir les jambes, il y avait des femmes et des enfants. C'étaient des Anglais, le genre hippie.

– Enfin je tiens une piste ! s'exclama Lavandier. Vous avez un téléphone ?

Delaroche était soi-disant en réunion, mais il laissa un message triomphal à son assistante : il avait retrouvé la trace de McCartney près d'Abbeville et rappellerait dès qu'il aurait du nouveau. Il reprit la route, soulagé d'un poids. Un panneau de signalisation l'informa que le prochain village avant Abbeville s'appelait Lamotte-Buleux.

16

Lavandier comptait faire étape à Abbeville où il essaierait de recueillir d'autres informations, mais, alors qu'il traversait Lamotte-Buleux, il se rendit compte qu'il mourait de soif. Avisant une sorte d'épicerie, il décida de s'y arrêter pour acheter une bouteille d'eau minérale.

En entendant le carillon, Pénélope leva ses yeux rougis vers la porte. Un homme qu'elle n'avait jamais vu se tenait sur le seuil. Son costume bien coupé – on aurait dit du sur-mesure – jurait au milieu des recharges de gaz, des bouteilles de Valstar consignées et des boîtes de cassoulet William Saurin. En s'approchant, Lavandier remarqua qu'elle avait pleuré. Cela le mit mal à l'aise et il se tourna vers un présentoir où il prit la première bouteille qui lui tombait sous la main. Il la posa sur la caisse et y jeta quelques pièces de monnaie que la fille rangea dans un tiroir sans rien dire. Il allait partir puis se ravisa, elle pouvait peut-être lui apprendre quelque chose.

– À tout hasard, vous n'auriez pas vu passer un bus peint de toutes les couleurs, ces derniers jours ? Ses passagers sont des Anglais, des musiciens.

La fille se figea.

– Ce sont des amis à vous ?

– En quelque sorte. Vous les avez vus ?

Elle hocha lentement la tête.

– Eh bien ?

– Je crois qu'il leur est arrivé quelque chose.

– Comment ça, quelque chose ?

– De très grave.

Lavandier essaya de garder son calme.

– Vous pouvez être plus précise ? insista-t-il en élevant un peu la voix.

– Plus précise ? Je crois qu'on les a assassinés, répondit-elle en éclatant en larmes.

– Allons, allons… ressaisissez-vous. À quoi ressemblaient-ils ? insista Lavandier en lui prenant la main.

– Ils avaient les cheveux longs, articula-t-elle entre deux sanglots. Il y avait aussi une fille.

– Elle était comment ?

– Je l'ai à peine aperçue, je crois qu'elle était blonde.

– Blonde ? Merde, merde, merde… Il faut que je téléphone.

Pénélope lui montra le combiné posé sur le comptoir.

Miquette, qui était blonde, c'est un fait, avait échappé jusqu'ici à ce « quelque chose de grave » et marchait sur le bas-côté de la départementale qui mène à Abbeville. Après avoir quitté la cabane où elle s'était terrée une partie de la nuit, elle avait erré à travers champs, hantée par l'image de ses deux compagnons massacrés, puis, réalisant qu'elle tournait en rond, elle avait regagné la route. La seule pensée qui l'habitait était de mettre le plus de distance possible entre ces deux monstres et elle. Elle revoyait aussi, comme dans un cauchemar, le type qui avait essayé de l'arrêter, gesticulant et hurlant pendant que le feu dévorait son visage.

– Je commence à en avoir plein le cul de ce sale clebs, dit Lucien.

Il plaqua à nouveau le soutien-gorge sur sa truffe, appuya longtemps, lourdement, pour que les phéromones de Miquette imprègnent sa muqueuse olfactive, sans prêter attention au grognement de l'animal.

– Et maintenant, cherche, mon salaud !

Maurice se tenait à l'écart, l'air abattu. Il pressentait qu'ils ne retrouveraient jamais la fille. Ils étaient allés trop loin, ils avaient vu trop grand. Un auto-stoppeur de temps en temps, passe encore, mais un bus… Ils s'y étaient pris comme des manches sur ce coup-là. Et Lucien qui excitait le chien, sans se rendre compte qu'il lui montrait les crocs maintenant.

Tout se passa très vite. Le pied de Lucien partit d'un coup, atteignant le chien dans les côtes. La bête glapit puis se jeta sur lui et le renversa. Ils roulèrent dans la poussière, les mains de Lucien essayant désespérément de saisir le collier du molosse pour éloigner sa gueule, mais les crocs se rapprochaient toujours plus près de sa gorge. Maurice regardait, fasciné, incapable d'intervenir. Pour la seconde fois aujourd'hui, Lucien ne savait pas quoi faire. L'animal était l'incarnation d'une force surnaturelle descendue sur Terre pour leur faire expier leurs crimes. Comment lutter contre une force surnaturelle ? Maurice l'ignorait et se contenta de s'asseoir. Les crocs de Whisky s'étaient refermés sur la gorge de son frère. Le sang s'échappait de la blessure en bouillonnant. Les bras de Maurice battirent l'air un moment, comme ceux d'un noyé qui essaierait de remonter à la surface, puis retombèrent. Maurice ne parvenait même pas à pleurer. Il en avait trop vu ces dernières heures, il était incapable de ressentir la moindre émotion, son propre sort lui était devenu indifférent. Le chien passa à côté de lui sans s'arrêter et retourna tranquillement à la voiture, attendant que quelqu'un le ramène chez lui.

Peyrolles l'aperçut le premier.

– Elle marche pas droit, cette fille, elle est bourrée au quoi ?

René vit à son tour cette femme qui zigzaguait sur le bord de la route. Il la dépassa et s'arrêta quelques mètres plus loin. Les deux hommes descendirent de la 4L et s'approchèrent. Vue de près elle faisait peur. Elle était pieds nus, le visage écorché, ses vêtements étaient déchirés et elle roulait des yeux fous qui ne semblaient pas les voir.

– Madame, Madame, que s'est-il passé ?

Rassemblant les quelques mots français dont elle se souvenait, Miquette balbutia :

– Il a brûlé comme une torche. Oh, oui ! comme une torche… C'était horrible. Mais ce n'est pas de ma faute.

L'absence de Marcel, les gémissements entendus dans l'épicerie, l'air préoccupé des Touvier devant leur bol de café, cette fille qui semblait revenir de l'enfer… René se dit qu'il se passait des choses pas nettes à Lamotte-Buleux ce matin.

17

Son assistante étant occupée, Delaroche décrocha machinalement le téléphone, regrettant aussitôt son geste lorsqu'il reconnut Lavandier. À sa voix hoquetante, il devina qu'il avait bu.

– C'est toi, Delaroche ? Je sais pas par où commencer : très, très mauvaise nouvelle !

– Oui, eh bien, dépêche-toi, j'ai du monde.

– Paul, Linda, les Wings… Ils sont tous morts !

Delaroche posa la paume de sa main sur le combiné et répéta ce qu'il venait d'entendre.

– C'est Lavandier, un chef de produit qui bosse sur votre catalogue. Il dit que vous êtes mort !

Paul fit une grimace, fataliste.

– Ce ne sera jamais que la deuxième fois.[3]

Les deux hommes échangèrent des sourires complices.

– Allô ? insistait Lavandier à l'autre bout du fil. Tu es toujours là ?

Delaroche reprit le téléphone.

---

3 - Allusion à une rumeur qui a couru en octobre 1969 qui le prétendait mort dans un accident de voiture trois ans plus tôt.

– Oui, Lavandier, je suis toujours là, mais toi, tu n'y es plus pour très longtemps, tu es viré.

Il raccrocha et se tourna vers l'ex-Beatle.

– Donc, je compte sur vous, dimanche ? Vous venez avec tout le groupe bien entendu. Je vous préparerai un brochet farci aux cèpes, ma spécialité.

– C'est marrant que vous parliez de brochet. Ça me fait penser à Doug, lui qui aime tant aller à la pêche. Je me demande bien où il peut être en ce moment ?

La seule personne qui aurait pu répondre à sa question était le plongeur de la gendarmerie nationale qui était en train de sonder l'étang des frères Touvier.

Remerciements

Je remercie chaleureusement les habitants de Lamotte-Buleux pour leur concours, bien involontaire il est vrai. Toute ressemblance avec des personnes y ayant vécu à l'été 1972 étant pure invention de ma part. Merci également aux Wings pour leur concours tout aussi involontaire. Précisons que Doug Jones n'a jamais existé ailleurs que dans mon imagination.

Il est recommandé d'accompagner cette lecture d'une bande-son idoine. Je suggère *Ram* de Paul et Linda McCartney, *Wild Life* des Wings, *The Slider* de T. Rex, *Exile on Main St.* des Rolling Stones et *Bandstand* de Family.

Écrivain et journaliste, Pierre Mikaïloff a été chroniqueur sur RFI et Sud Radio, a écrit pour *Gonzaï* et *Rolling Stone*, collabore aujourd'hui à *Rock & Folk* et *Vinyle & Audio*. Sa bibliographie compte une trentaine d'ouvrages, dont trois romans, une novella, deux recueils de nouvelles, une plaquette de poésie et de nombreuses biographies de référence. Il est également l'auteur de deux fictions musicales consacrées à Alain Bashung, de documentaires pour France 3 et France Culture, de podcasts pour Universal et Majelan. Dans une autre vie, il fut guitariste des Désaxés et de Jacno.

Bibliographie sélective

Romans
L'Affaire Dan Cooper, La Manufacture de livres, 2021
Gasoline Alley, Romart, 2014
Tournée d'adieu, La Tengo, 2008

Nouvelles
Terminus Las Vegas, Paul & Mike, 2016
Some clichés, une enquête sur la disparition du rock'n'roll, L'Écarlate, 2006

Poésie
Au son des Remington, Dernier Télégramme, 2011
Rodney, Derrière la salle de bains, 2007

Essais, monographies
Le Club des 27, la malédiction à deux chiffres du rock'n'roll, Larousse, 2022
Le Zapping de la musique,
avec Gérard Denizeau et Ludovic Florin, Larousse, 2018
Cultissimes 80's, Larousse, 2017
Kick out the jams, motherfuckers! punk rock 1969-1978, Camion blanc, 2012
Desperate Rock Wives, Fetjaine, 2012

Dictionnaire des années 1980, Larousse, 2011
Cherchez le garçon, Scali, 2008
Dictionnaire raisonné du punk, Scali, 2007

Biographies
Sophie Marceau, on a tous en nous quelque chose de Vic,
Éditions Prisma, 2019
Génération(s) Téléphone, GM Éditions, 2017
Gainsbourg confidentiel,
les 1001 vies de l'homme à tête de chou,
Éditions Prisma, 2016, Points - Seuil, 2017
François Hardy, Tant de belles choses,
Alphée, 2009, Carpentier 2015
V2 sur mes souvenirs, à la recherche de Daniel Darc,
Castor astral, 2014
De Noir Désir à Bertrand Cantat, J'ai Lu, 2013
Les Beatles pour Les Nuls, First Éditions, 2013
Jacno, l'amoureux solitaire,
avec Jean-Éric Perrin et Stéphane Loisy, Carpentier, 2011
Jane Birkin, Citizen Jane, Alphée, 2010, Editora Noir, 2021
Noir Désir, Alphée, 2009
Bashung, vertige de la vie, Alphée, 2009, Archipoche, 2014

Beaux livres
Race with The Devil, avec Yan Morvan,
Serious Publishing, 2018
Post-punk 1978-85, avec Pierre Terrasson, Carpentier 2015
Téléphone, ça (c'est vraiment eux), avec Pierre Terrasson,
Hugo & Cie, 2013

Collection **POLAROID**
dirigée par Marc Villard

Dans la même collection :
Parures de Franz Bartelt – 2010
Le Bar parfait de Jean-Bernard Pouy – 2011
Moskova de Anne Secret – 2012
Cannisses de Marcus Malte – 2012
No more Natalie de Marin Ledun – 2013
Le Homard de Pascale Dietrich – 2013
Calibre 16mm de Jean-Bernard Pouy – 2013
À fond de cale de Dominique Delahaye – 2014
Vieux Bob de Pascal Garnier – 2014
Le congélateur de Pascale Dietrich – 2014
Japonais grillés de Carlos Salem – 2015
Si près d'Amsterdam de Dominique Delahaye – 2015
Trottoirs de Jean-Luc Manet – 2015
Ramener Belle au bercail de Bonnie Jo Campbell – 2015
Far West de Marcus Malte – 2016
Pop fiction de Anne-Céline Dartevel – 2016
La chanceuse de Anne Secret – 2017
Pêche interdite Denis Flageul – 2017
Départs de Hervé Commère – 2017
Le Sorcier de Jérémy Bouquin – 2018
Liste noire de Yvon Coquil – 2018
Aucune bête de Marin Ledun – 2019
Donneur de Mouloud Akkouche – 2019
Rose Royal de Nicolas Mathieu – 2019
Maurice de Jérémy Bouquin – 2020
Maître de cérémonie de Hervé Mestron – 2021
Naufrages de Dominique Delahaye – 2021
Panier de crabes de Laurence Biberfeld – 2021
Katja de Marion Brunet – 2021
Petite plage de Anne Secret – 2022
Baraque à frites de Jérémy Bouquin – 2022

Coffret *Femmes en colère* – 2013 :
Marcus Malte - Marc Villard - Dominique Sylvain - Didier Daeninckx

Coffret *Autour de minuit* – 2017 :
Anne-Céline Dartevel - Elena Piacentini - Carlos Salem - Marin Ledun

Achevé d'imprimer en août 2022 en UE
pour les Éditions In8, Morlàas

Dépôt légal : septembre 2022